Pranaba Nanda Bhattacharyya
Amarjyoti Tanti
Satya Ranjan Sarmah

Microbiologia do filoplano

Pranaba Nanda Bhattacharyya
Amarjyoti Tanti
Satya Ranjan Sarmah

Microbiologia do filoplano

Microflora do filoplano em certas cultivares de chá de Assam, N. E. Índia e exploração do seu potencial para utilização no chá

ScienciaScripts

Imprint

Any brand names and product names mentioned in this book are subject to trademark, brand or patent protection and are trademarks or registered trademarks of their respective holders. The use of brand names, product names, common names, trade names, product descriptions etc. even without a particular marking in this work is in no way to be construed to mean that such names may be regarded as unrestricted in respect of trademark and brand protection legislation and could thus be used by anyone.

Cover image: www.ingimage.com

This book is a translation from the original published under ISBN 978-620-2-09423-8.

Publisher:
Sciencia Scripts
is a trademark of
Dodo Books Indian Ocean Ltd. and OmniScriptum S.R.L publishing group

120 High Road, East Finchley, London, N2 9ED, United Kingdom
Str. Armeneasca 28/1, office 1, Chisinau MD-2012, Republic of Moldova, Europe
Printed at: see last page
ISBN: 978-620-7-96662-2

Conteúdo

Agradecimentos

As culturas do chá sofrem de carências de nutrientes, são atacadas por diversas pragas e agentes patogénicos e sofrem a influência de várias pressões climáticas que acabam por resultar em perdas consideráveis das culturas. Na maioria dos casos, a aplicação de produtos químicos sintéticos para aliviar a perda de colheitas tem, no entanto, exercido um impacto prejudicial no ecossistema do chá. A exploração da dinâmica da população microbiana nas folhas pode ser útil neste contexto para resolver muitos problemas relacionados com a indústria do chá, como a gestão de nutrientes e doenças.

Tendo este ponto em consideração, os autores tentaram explorar a microflora do filoplano em plantas de chá que crescem na parte nordeste da Índia. O significado do destino alcançado não pode ser muito relevante se o caminho percorrido não for tido em conta. O esforço de investigação tem sido um processo simultaneamente intrigante e cheio de acontecimentos. Além disso, o caminho da exploração, independentemente da capacidade do explorador, não pode ser empreendido sozinho. Por conseguinte, é necessária assistência, trabalho de equipa e, acima de tudo, orientação.

Os autores agradecem ao Diretor do Tocklai Tea Research Institute (TTRI), Tea Research Association (TRA), Jorhat, Assam, Índia, por ter disponibilizado as instalações necessárias para a realização do estudo. É digno de nota mencionar a sua orientação constante, a sua estimada sugestão e o seu encorajamento abundante ao longo de todo o processo de investigação e compilação.

Os autores expressam a sua sincera gratidão e agradecimento aos membros do corpo docente do Departamento; mais especialmente ao Dr. P. Dutta Scientist C e ao Dr. M. Madhab T. O., que, de uma forma ou de outra, forneceram o roteiro com contributos e ideias modificáveis durante este esforço.

Os autores gostariam de expressar a sua gratidão ao Dr. B. K. Barthakur, ao Dr. S. Debnath e à Sra. I. Phukan, cujos valiosos contributos para este trabalho são extremamente úteis. Phukan, cujos valiosos contributos para este trabalho são extremamente úteis.

Os autores têm também o privilégio de agradecer ao Dr. P. Patel e ao Sr. Jayanta Saikia do Departamento de Fisiologia Vegetal e Bioquímica, TTRI, TRA pela sua assistência na recolha de dados sobre vários clones de TV.

Por último, gostaríamos de agradecer a todos os bolseiros de investigação do Departamento de Micologia e Microbiologia, Tocklai Tea Research Institute (TTRI), Tea Research Association (TRA), Jorhat, Assam, sem cujo apoio e envolvimento a realização deste trabalho teria sido impossível.

P. N. Bhattacharyya

A. Tanti

S. R. Sarmah

TTRI, TRA, Jorhat

Introdução dos autores

A microbiologia é um domínio científico em rápido crescimento. A microbiologia do filoplano serve como um microambiente adequado, onde habitam vastos recursos microbianos. As comunidades microbianas do filoplano são diversas e incluem muitos géneros diferentes de bactérias, fungos filamentosos, leveduras, algas, etc., que podem ter a capacidade de produzir substâncias que promovem o crescimento das plantas, embora a capacidade de promoção do crescimento das plantas dos microrganismos que inibem as partes aéreas das plantas superiores seja ainda pouco conhecida. Por conseguinte, os estudos relativos à microflora do filoplano e à exploração do seu potencial na agricultura são importantes para compreender a diversidade microbiana e os padrões de distribuição, uma vez que as associações microbianas têm um imenso potencial para melhorar o crescimento e a produtividade das plantas.

O chá [*Camellia sinensis* (L). O. Kuntze] pertence à família Theaceae, é uma das mais antigas culturas perenes não alcoólicas e produtoras de bebidas, cultivada em mais de 50 países em todo o mundo. Uma vez que o chá é uma cultura de longa duração, está sob a influência direta ou indireta de várias pragas e agentes patogénicos que, em última análise, resultam numa produção deficiente e na deterioração da qualidade. Embora os fertilizantes inorgânicos de base química estejam a ser utilizados desde há algumas décadas, a maior parte deles são considerados prejudiciais, uma vez que se sabe que deterioram a saúde e a fertilidade do solo, afectando assim diretamente as populações microbianas nativas do solo. Assim, a utilização excessiva de produtos químicos nas plantações de chá tornou-se um grande constrangimento, uma vez que a produção de alimentos e bebidas ricos em nutrientes e de alta qualidade é a principal exigência de uma população humana em crescimento para garantir questões de biossegurança.

Para ultrapassar este constrangimento, foram desenvolvidos esforços para complementar as necessidades nutricionais através da utilização de abordagens biológicas alternativas e de micróbios em particular, não só para aumentar a produção vegetal e o crescimento das plantas, mas também para manter a saúde e a produtividade do solo.

O filoplano do chá pode ser considerado como um dos nichos importantes para diversas interações planta-micróbio com funções ecológicas variadas que podem ter um enorme potencial no futuro para melhorar a absorção de nutrientes, o crescimento das plantas e a tolerância das plantas a vários stresses bióticos e abióticos, etc. Estirpes microbianas, como *Aspergillus niger*, *Azotobacter chroococcum*, *Azospirillum brasilense*, *Beauveria bassiana*, *Metarhizium anisopliae*, *Gliocladium* sp.,

Penicillium sp., *Trichoderma viride*, *Trichoderma harzianum* e diferentes solubilizadores de fosfato, como *Bacillus subtilis* e *Pseudomonas corrugate*, foram registadas pelas suas contribuições significativas nas plantações de chá. Os actinomicetos antagonistas também se revelaram eficazes no controlo dos principais agentes patogénicos do chá, como *Exobasidium vexans*, *Corticium invisum*, *Corticium theae*, *Ustulina zonata*, *Fomes lamaoensis*, *Pestalozzia theae*, *Poria hypobrunnea*, em graus variáveis, podendo assim conduzir à bioprivatização das plantas através da indução de resistência sistémica e de alguns outros mecanismos. Assim, a redução da dependência de produtos químicos sintéticos e a aplicação de inoculantes microbianos benéficos para manter o ecossistema do chá intacto e isento de produtos químicos é a estratégia emergente para os produtores de chá, uma vez que a utilização persistente de fertilizantes químicos no ecossistema do chá está a deteriorar gradualmente a qualidade do solo, bem como a causar a estagnação da produção de chá de qualidade.

Uma vez que os estudos sobre a microbiologia do filoplano do chá são ainda escassos, foi feita uma tentativa, na presente investigação, de isolar e caraterizar a microflora dominante da superfície foliar em determinadas cultivares de chá. Os registos sobre a estimativa qualitativa e quantitativa das associações microbianas no filoplano do chá são essenciais para gerar dados sobre as interações microbianas. A presente investigação explora o potencial de estudo da abundância microbiana do filoplano e da riqueza e diversidade de espécies associadas a esta cultura economicamente importante. Além disso, é essencial abordar cientificamente os conhecimentos sobre a bioecologia e as estratégias de desenvolvimento, a tecnologia de produção microbiana em massa seguida de experimentação no terreno, para uma aplicação adequada desta tecnologia de base microbiana nas plantações de chá.

P. N. Bhattacharyya

A. Tanti

S. R. Sarmah

TTRI, TRA, Jorhat

1. Antecedentes da investigação

Phylloplane (Ruinen 1956), para definir a superfície da folha da planta habitada por microrganismos. O ambiente da superfície foliar tem sido considerado, desde há muito, como o ambiente hostil para o crescimento microbiano, uma vez que está exposto a flutuações rápidas de temperatura e humidade relativa, bem como a alterações repetidas entre a presença e a ausência de humidade livre devido a factores como a chuva e o orvalho. De acordo com Wilson et al. (1999), a maioria das bactérias colonizadoras das plantas são facilmente lavadas das folhas ou mortas por agentes não penetrantes, como o peróxido ou a luz UV, permitindo assim que a colonização epifítica seja mais adequada a essas condições de micro-habitat.

As caraterísticas histológicas gerais e as trocas bioquímicas do filoplano estão representadas na Fig. 1.

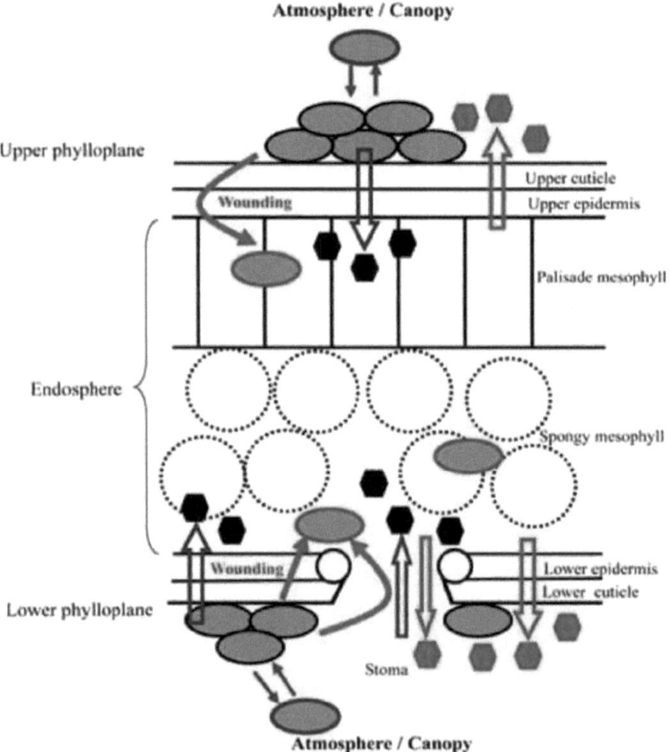

Fig. 1: Caraterísticas histológicas gerais e trocas bioquímicas do ambiente da superfície foliar. (Adaptado de Bringel e IvanCouee, 2015).

A secção transversal esquemática da folha mostra as trocas interactivas (setas sólidas) que envolvem microrganismos epifíticos (elipsóides cinzentos com bordo preto) ou microrganismos endofíticos (elipsóides cinzentos com bordo verde) e estruturas da folha. Também mostra os fluxos potenciais de produtos químicos vegetais (setas verdes abertas) e microbianos (setas cinzentas abertas) (hexágonos verdes ou pretos) que podem ocorrer através de excreção, exsudação, gutação, ferimento, lixiviação ou infiltração. As setas azuis indicam a dinâmica das comunidades de epífitas com a varredura de bactérias das folhas das plantas e a colonização de microrganismos transportados pelo ar (elipsóides cinzentos com bordo azul).

As superfícies foliares das plantas são geralmente protegidas por cutículas lipídicas e cerosas que normalmente limitam os fluxos de água e metabolitos e as trocas bioquímicas, dependendo assim de múltiplas vias, incluindo excreção, exsudação, gutação, ferimento, lixiviação ou infiltração, que acabam por resultar num habitat oligotrófico com limitações nos recursos de carbono e azoto (Bringel e Couee 2015).

A superfície da folha da planta também serve como um microambiente adequado, onde habitam vastos recursos microbianos (Lindow e Brandl 2003). Uma estimativa sugere que as bactérias são de longe os colonizadores microbianos mais numerosos das folhas, encontrando-se frequentemente em números médios de 10^6 a 10^7 células/cm^2 (até 10^8 células/g) de folha (Andrews e Harris 2000; Beattie e Lindow 1995; Hirano e Upper 2000). A estimativa qualitativa e quantitativa da microflora da superfície foliar depende em grande medida de factores como as caraterísticas do hospedeiro, a arquitetura da folha, o ambiente químico da superfície foliar e a alteração dos factores micro e macroambientais (Andrews e Harris 2000). De acordo com Fokkema (1981), os nutrientes para o crescimento, desenvolvimento e sobrevivência dos microrganismos do filoplano provêm principalmente de fugas celulares, secreções foliares e deposição aerobiológica de partículas abióticas e bióticas, tais como grãos de pólen, esporos de algas, esporos microbianos, biomassa microbiana e fragmentos de líquenes, etc.

De acordo com Lindow e Brandl (2003), as comunidades microbianas do filoplano são diversas e incluem muitos géneros diferentes de bactérias, fungos filamentosos, leveduras, algas, protozoários e nemátodos. Os fungos filamentosos são considerados habitantes transitórios das superfícies foliares, estando presentes predominantemente sob a forma de esporos, enquanto as espécies de esporulação rápida e as leveduras colonizam este habitat mais ativamente (Andrews e Harris 2000). As bactérias são, de longe, os habitantes mais abundantes da filosfera, embora existam relatos de populações de bactérias aeróbias cultiváveis na superfície das folhas, dominadas por alguns géneros. De facto, à semelhança de outras investigações de consórcios microbianos naturais, um estudo pioneiro de Yang et al. (2001) demonstrou que os métodos independentes da cultura revelam uma maior complexidade da comunidade na filosfera do que os métodos convencionais baseados na cultura. O estudo revelou que a maioria das sequências de 16S rRNA recuperadas das lavagens de folhas de várias espécies de plantas provinham de bactérias não descritas anteriormente como encontrando-se na filosfera, com algumas sequências representando espécies não descritas.

As substâncias químicas presentes na superfície da folha podem influenciar a população quantitativa e qualitativa de microrganismos. Além disso, alguns dos micróbios que habitam a superfície das folhas podem também induzir a produção de substâncias semelhantes a fitoalexinas que interferem com o crescimento e desenvolvimento dos agentes patogénicos das plantas (Blakeman e Fokkema 1982). Consequentemente, o crescimento e o desenvolvimento de microrganismos patogénicos podem ser influenciados. A interação das hifas parece ser importante para determinar o padrão de colonização microbiana numa superfície foliar específica. Wicklow et al. (1980) observaram que estirpes toxigénicas de *Aspergillus flavus* não produziam aflatoxina quando cultivadas na presença de *Aspergillus niger* e *Trichoderma viride*.

Os estudos relativos à microflora do filoplano e, potencialmente, na agricultura são essenciais para compreender a diversidade microbiana e os padrões de distribuição, uma vez que as associações microbianas têm um imenso potencial para melhorar o crescimento e a produtividade das plantas. A superfície da folha é conhecida pela colonização de diversos grupos de microrganismos que podem produzir substâncias promotoras do crescimento das plantas, embora a capacidade de promoção do crescimento das plantas dos microrganismos que inibem as partes aéreas das plantas superiores ainda seja pouco conhecida. Chauhan et al. (2014) estudaram a microflora filoplana do dhak (*Butea monosperma* (Lamk.) Taub) utilizando um método de diluição em série em placas e o meio de ágar rosa bengala de Martin para fungos e o meio de ágar nutriente para bactérias durante dois anos sucessivos. *Alternaria alternata, Aspergillus niger, A. flavus, A. fumigatus, A. terreus* e *Curvularia lunata* foram a microflora dominante na investigação. Estudos comparativos sobre as populações de microflora no filoplano do quiabo comum [*Abelmoschus esculentus* l. (Moench.)] foram efectuados por Ogwu e Osawaru (2014). *Aspergillus, Mucor, Penicillum, Rhodotorula* e *Saccharomyces* foram registados como os fungos predominantes, enquanto *Micrococcus, Serratia* e *Staphylococcus* foram as bactérias dominantes na investigação. Do mesmo modo, Vimala e Suriachandraselvan (2006) efectuaram experiências sobre a microflora do filoplano de bhendi. A população bacteriana foi registada como a mais elevada em comparação com os fungos. O isolamento de potenciais agentes patogénicos bacterianos do filoplano de algumas plantas medicinais foi efectuado por Ismail et al. (2016). Foram isoladas 20 espécies bacterianas, incluindo espécies Gram negativas e Gram positivas. A identificação bacteriana revelou que *Proteus mirabilis* (35%), *Proteus vulgaris* (15%), *Escherichia coli* (15%), *Klebsiella pneumoniae* (5%), *Morganella morganii* (5%), *Salmonella typhi* (10%), *Enterobacter* sp. (5%), *Staphylococcus aureus* (5%) e *Vibrio cholarae* (5%) eram as espécies conhecidas. Ray et al. (2014) isolaram a microflora da superfície foliar e efectuaram estudos comparativos sobre a sua distribuição nas plantas hospedeiras Muga, Som e Sualu recolhidas no distrito de Goalpara, em Assam. *Alternaria, Aspergillus, Cercospora, Cladosporium, Curvularia, Mucor, Penicillium, Rhizopus,*

Trichoderma e *Verticillium* foram as espécies micofúngicas registadas. Os resultados indicaram a ocorrência de fungos, na sua maioria pertencentes a Zygomycetes e Deuteromycetes, colonizados ativamente no filoplano de *P. bombycina* e *L. polyantha.*

A utilização de estirpes microbianas de vida livre que ocorrem naturalmente e que podem proteger e promover o crescimento das plantas através da colonização e multiplicação da superfície radicular das plantas inoculadas é atualmente considerada como uma das alternativas adequadas aos produtos químicos nocivos. As bactérias vegetais associadas à superfície da folha de variedades de trigo comercialmente superiores exibiram capacidades superiores de promoção do crescimento das plantas (Batool et al. 2016). Os resultados indicaram o papel ativo das bactérias benéficas associadas à superfície foliar de variedades de melhor rendimento que apresentaram elevadas tendências para a ação de PGP quando comparadas com as suas contrapartes em variedades de baixo rendimento. *Acinetobacter, Bacillus, Kineococcus, Microbacterium, Proteus, Psychrobacter, Pseudomonas* e *Streptomyces* foram identificados como estirpes potentes através da sequenciação do gene 16S rRNA. Uma combinação de microscopia eletrónica de varrimento (MEV) e de técnicas de réplica está agora a ser utilizada para determinar as alterações nas populações microbianas, em comparação com os tratamentos com fungicidas, resultantes de intervenções com agentes de biocontrolo e do reforço nutricional de organismos benéficos. Os microrganismos promotores do crescimento das plantas (PGPM) podem proporcionar proteção às plantas contra doenças, suprimindo microrganismos patogénicos e deletérios (Van Wees et al. 2008). Os efeitos benéficos das PGPR foram estabelecidos numa vasta gama de culturas, incluindo cereais, leguminosas, legumes, sementes oleaginosas e culturas de plantação. (Riggs et al. 2001, Siddiqui 2006, Bhattacharyya e Jha 2012). As bactérias, os fungos filamentosos e os actinomicetos são as categorias de microrganismos conhecidas pela sua capacidade de influenciar o crescimento e o desenvolvimento das plantas terrestres e de regular os fitopatógenos (Andrews e Harris 2000). Thakur e Harsh (2014) estudaram a influência de fungos de filoplano como agente de biocontrolo contra a doença da mancha foliar de *Alternaria* em *Spilanthes oleracea. Trichoderma harzianum* e *T. piluliferum* causaram a inibição máxima do agente patogénico testado, seguidos de *Aspergillus niger* e *Penicillium sublateritium*, enquanto *P. tardum* e *Cladosporium cladosporioides* mostraram uma eficácia antagonista mínima. De acordo com Dickinson (1973), a microbiologia da superfície foliar está sob a influência direta de um grande número de factores externos e internos, como a disponibilidade de nutrientes, a humidade, a temperatura, os padrões de precipitação, a topografia, a arquitetura foliar, a idade e a presença de inibidores de crescimento, etc.

2. Microbiologia do filoplano do chá

O chá [*Camellia sinensis* (L). O. Kuntze] pertence à família Theaceae, é uma das mais antigas culturas perenes não alcoólicas e produtoras de bebidas, cultivada em mais de 50 países desde a Geórgia, a 42° de latitude norte, até Hamilton, na Nova Zelândia, a 37° de latitude sul, a uma altitude de 2300 m acima do nível médio do mar (MSL) (Mondal et al. 2004). O principal centro de origem do chá situa-se no Sudeste Asiático (29^0 N de latitude e 98^0 E de longitude) perto da nascente do rio Irrawaddy, na confluência das províncias do Nordeste da Índia, do Norte da Birmânia, do Sudoeste da China e do Tibete (Mondal et al. 2004). A China, a Índia, o Sri Lanka, o Quénia, a Turquia e a Indonésia são reconhecidos como as potentes cultivares de chá em todo o mundo. No subcontinente indiano, esta cultura está a ser cultivada numa ampla amplitude de variáveis climáticas (8° 12$^/$ N em Nagercoil em Tamilnadu a 32° 13$^/$ E em Kangra em Himachal Pradesh (Fonte: Limca Book of Records) (Barua 2008). Uma vez que o chá é uma cultura de longa duração, tornou-se muito propensa a várias pragas e agentes patogénicos que resultam numa extensa perda anual da cultura (Mareeswaran et al. 2015). Para evitar a perda de colheitas, as aplicações de fertilizantes inorgânicos de base química estão a ser utilizadas desde há algumas décadas (Adesmoyee e Kloepper, 2009). Muraleedharan e Chen (1997) sugeriram a aplicação de fungicidas para controlar doenças do chá como o míldio da bolha, o míldio cinzento, o míldio castanho e a ferrugem vermelha, etc., bem como contra diversas pragas do chá. No entanto, o uso extensivo de fertilizantes químicos tem um efeito nocivo na saúde do solo, uma vez que os produtos químicos podem desestabilizar a fertilidade do solo e, assim, afetar diretamente as populações microbianas nativas do solo (Kalia e Gosal 2011). A aplicação de produtos químicos no chá também é proibitiva, uma vez que o primeiro é conhecido pela sua potencialidade em criar deterioração da qualidade do solo (Gurusubramanian et al. 2005), poluição do ar e das águas subterrâneas através da eutrofização de corpos de água, resíduos indesejáveis no chá feito (Muraleedharan et al. 1988; Kodomari, 1993; Chaudhuri, 1999) e custos crescentes (Pimental et al. 1992), ressurgimento de pragas primárias (Das, 1959; Hazarika et al. 2009) e desenvolvimento de resistência (Kawai, 1997; Gurusubramanian et al. 2008; Roy et al. 2010; Saha e Mukhopadhyay, 2013), variação na suscetibilidade, impedimento de agentes reguladores naturais e efeitos letais em animais de sangue quente, incluindo seres humanos (Moses, 1989; Mobed et al. 1992). Assim, a utilização excessiva de produtos químicos nas plantações de chá tornou-se um grande constrangimento, uma vez que a produção de alimentos e bebidas ricos em nutrientes e de alta qualidade é a principal exigência de uma população humana em crescimento para garantir questões de biossegurança. Para ultrapassar este constrangimento, foram envidados esforços para complementar as necessidades nutricionais através da utilização de abordagens biológicas alternativas em diferentes práticas agrícolas e de micróbios em particular, não só para aumentar a produção das culturas e o crescimento das plantas, mas também para manter a saúde e a produtividade do solo (Fernando et al. 2005).

O filoplano do chá pode ser considerado como um dos nichos importantes para diversas interações planta-micróbio com funções ecológicas variáveis que podem ser exploradas no futuro para melhorar a absorção de nutrientes, o crescimento das plantas e a tolerância das plantas a stresses bióticos e abióticos, etc. Estirpes microbianas tais como *Aspergillus niger*, *Azotobacter chroococcum*, *Azospirillum brasilense*, *Beauveria bassiana*, *Metarhizium anisopliae*, *Gliocladium* sp., *Penicillium* sp, *Trichoderma viride*, *T. harzianum* e diferentes solubilizadores de fosfato como *Bacillus subtilis* e *Pseudomonas corrugate* foram relatados por suas contribuições significativas no solo de chá (Bezbaruah e Baruah, 1985; Baruah, 1987). Os actinomicetos antagonistas também se revelaram eficazes no controlo dos principais agentes patogénicos do chá, como *Exobasidium vexans*, *Corticium invisum*, *Ustulina zonata*, *Fomes lamaoensis*, *Pestalozzia theae* e *Poria hypobrunnea*, em graus variáveis (Sarmah et al. 2005), podendo assim conduzir à biopreparação das plantas através da indução de resistência sistémica e de outros mecanismos. Assim, a redução da dependência de produtos químicos sintéticos e a aplicação de inoculantes microbianos benéficos para manter o ecossistema do chá intacto e livre de produtos químicos é a estratégia emergente para os produtores de chá, uma vez que a utilização persistente de fertilizantes químicos no ecossistema do chá está a deteriorar gradualmente a qualidade do solo, bem como a causar a estagnação da produção de chá de qualidade.

Uma vez que os estudos sobre a microbiologia do filoplano do chá são ainda escassos (Tanti et al. 2012; Baby 2002; Debnath 2008; Tanti et al. 2016), foi feita uma tentativa, na presente investigação, de isolar e caraterizar a microflora dominante da superfície foliar em determinadas cultivares de chá. Os registos sobre a estimativa qualitativa e quantitativa das associações microbianas no filoplano do chá são também essenciais para gerar dados sobre as interações microbianas e a ecologia geral do filoplano. No que diz respeito à conservação microbiana e à utilização de recursos, a presente investigação oferece um âmbito potencial para o estudo da abundância microbiana do filoplano e da riqueza e diversidade de espécies associadas a esta cultura economicamente importante. Além disso, o conhecimento sobre a bioecologia e as estratégias de desenvolvimento, a tecnologia de produção microbiana em massa seguida de experimentação no terreno é essencial para a aplicação adequada desta tecnologia de base microbiana nas plantações de chá. É também, de facto, necessário explorar mais microbiota indígena associada ao filoplano do chá, não só para reduzir a carga de fertilizantes químicos nas plantações de chá, mas também para um maior benefício da saúde das plantas e do solo.

3. Metodologia

Descrição da área de estudo e recolha de amostras

O estudo foi realizado na área experimental do Tocklai Tea Research Institute (TTRI) (Latitude 26°47′ N e longitude 94°12′ E), Tea Research Association (TRA), Jorhat, Assam, Índia. A área experimental é caracterizada por um clima húmido com precipitação máxima durante os meses de verão (maio-julho) e relativamente pouca ou escassa precipitação nos meses de inverno (novembro-janeiro). A precipitação média anual é de 2008,8 mm.

Os dados meteorológicos anuais da área de estudo relativos à humidade relativa, à precipitação média anual e à temperatura média mínima e máxima estão representados na Fig. 2a-2h. Registaram-se variações notáveis nos parâmetros meteorológicos considerados ao longo do período de investigação.

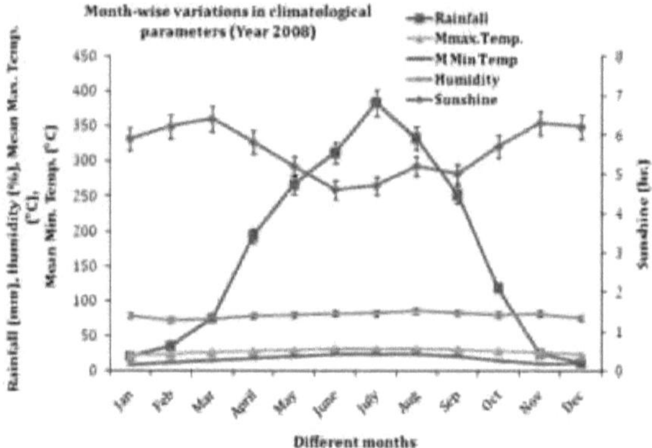

Fig. 2a: Variação mensal da insolação (°C), temperaturas médias mínima e máxima (°C), humidade relativa (%) e precipitação (mm) da área de estudo.

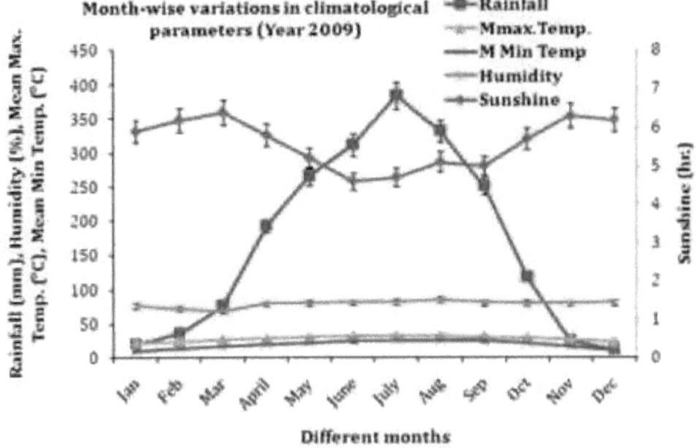

Fig. 2b: Variação mensal da insolação (ºC), temperaturas médias mínima e máxima (ºC), humidade relativa (%) e precipitação (mm) da área de estudo.

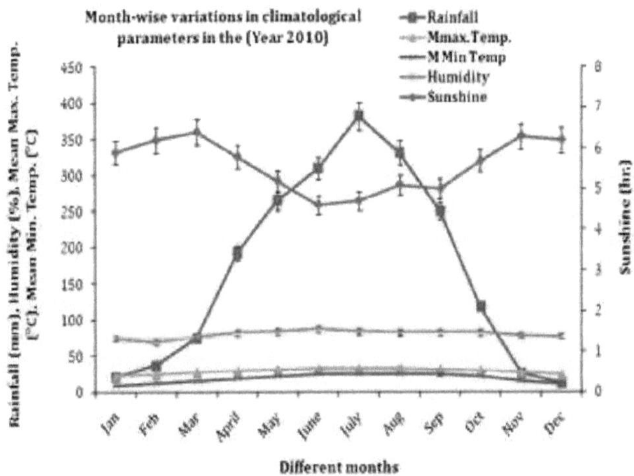

Fig. 2c: Variação mensal da insolação (°C), temperaturas médias mínima e máxima (°C), humidade relativa (%) e precipitação (mm) da área de estudo.

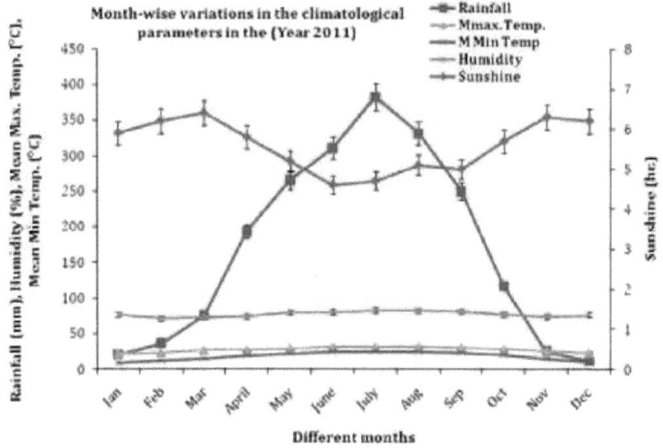

Fig. 2d: Variação mensal da insolação (°C), temperaturas médias mínima e máxima (°C), humidade relativa (%) e precipitação (mm) da área de estudo.

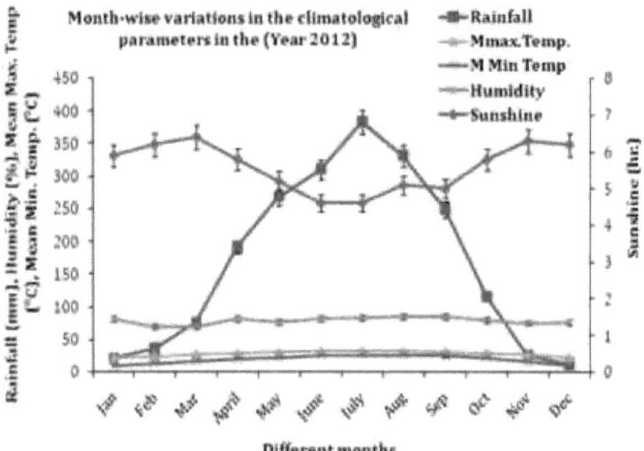

Fig. 2e: Variação mensal da insolação (°C), temperaturas médias mínima e máxima (°C), humidade relativa (%) e precipitação (mm) da área de estudo.

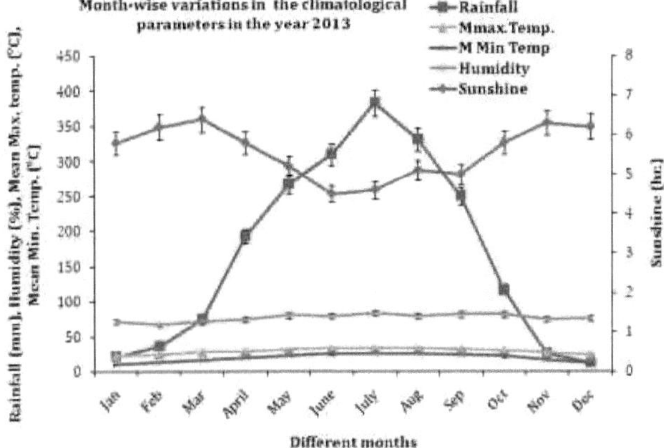

Fig. 2f: Variação mensal da insolação (°C), temperaturas médias mínima e máxima (°C), humidade relativa (%) e precipitação (mm) da área de estudo.

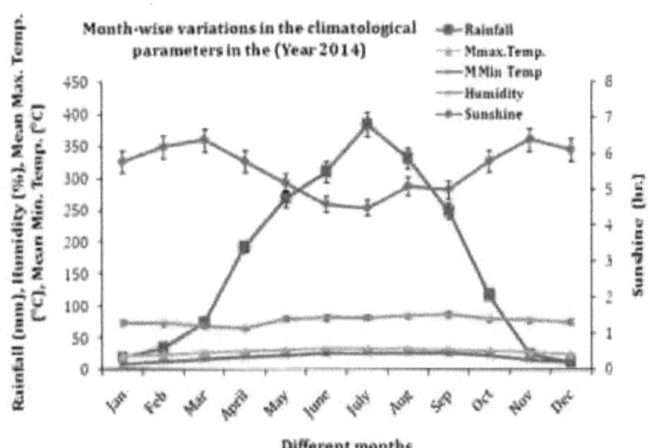

Fig. 2g: Variação mensal da insolação (°C), temperaturas médias mínima e máxima (°C), humidade relativa (%) e precipitação (mm) da área de estudo.

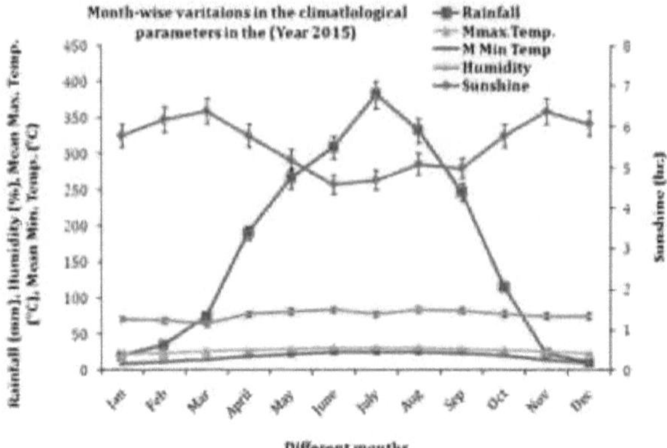

Fig. 2h: Variação mensal da insolação (ºC), temperaturas médias mínima e máxima (ºC), humidade relativa (%) e precipitação (mm) da área de estudo.

Diferentes **cultivares** de chá, tais como TV1, **TV9**, TV18, TV25, Clone **663**, Teenali 17, S.3A/1, T3E3 e S.3A/3 foram selecionadas **no** presente estudo. Os traços **morfológicos** das plantas **são** mostrados na Fig. 3 (a-i). Das **cultivares** de chá **TV1**, **Clone** 663, Teenali 17 serve como clone **padrão**, **TV9**, TV18, TV25 como clone de rendimento e S.**3A/1**, T.3E/3e S.**3A/3** como clone de qualidade.

Fig. 3 (a-c): Diferentes cultivares de chá (**clones** padrão) utilizadas **na** presente investigação para estudar a microbiologia do **filoplano**.

Fig. 3 (d-f): Diferentes cultivares de chá (clones de rendimento) utilizadas na presente investigação **para** estudar a microbiologia do filoplano.

Fig. 3 (g-i): Diferentes cultivares de chá (**clones** de qualidade) utilizadas **na presente investigação para** estudar a microbiologia do filoplano.

As propriedades gerais dos clones de TV, como o tipo de **clone**, **a natureza** da folha, **o** tamanho **do rebento**, o enraizamento, as caraterísticas de rendimento, a resistência a pragas, doenças e seca, **etc.**, **estão representadas** no quadro 1. A seleção do material de plantação baseia-se em **caraterísticas** como o rendimento **e** a qualidade, etc.

Quadro 1: Propriedades gerais dos clones de TV, tais como tipo de clone, natureza da folha, tamanho do rebento, enraizamento, caraterísticas de rendimento, resistência a pragas e doenças e à seca, etc.

TV clones	Year of release	Type	Category	Frame nature	Leaf type	Shoot size	Pubescence	Rooting	Yield characteristics	Order of performance to manufacturing	Quality in preferred protocol	Pest, disease and drought resistance
TV1	1949	Assam x China Hybrid	Standard	Moderate spreading	Lanceolate	Medium	Medium	Good	High quality potential	C.T.C. Orthodox	Good	Good
TV9	1959	Cambod type	Standard	Spreading	Lanceolate, leaf tip curved down	Medium	Medium	Good	Early flush, High yield potential	C.T.C. Orthodox	Good	Tolerance to pest and diseases, Due to high elasticity it can thrive any stress condition
TV18	1970	Cambod type	Yield	Spreading and dense	Medium sized, lanceolate	Medium	Low	Good	High	C.T.C. Orthodox	Good	Tolerant to drought condition
TV25	1982	Cambod type	Yield	Moderate spreading	Medium	Medium	Medium	Good	High yield potential	C.T.C.	Good	-
T.3E/3	-	Assam type	Quality	Spreading	Lanceolate	Medium	Medium	Good	Abundant yield	Orthodox	Good	-
Teenali 17	-	Cambod type	Quality	Compact and dense spreading	Lanceolate	Medium	Medium	Good	High yield potential	C.T.C. Orthodox	Good	-
S.3A/3	-	Assam type	Quality	Moderate spreading	Elliptical	Medium	Medium	Good	High yield with quality potential	C.T.C. Orthodox	Good	-
Clone 663 (TTRI 1)	2014	Assam type	Yield	Moderate spreading	Lanceolate	Medium	Medium	Good	High yield potential with average quality	C.T.C. Orthodox	-	-
S.3A/1	-	Assam type (It is a generative clone of TS491)	Quality	Moderate spreading	Elliptical	Medium	Medium	Good	Standard with quality potential	Orthodox	Good	-

As parcelas experimentais foram mantidas sob práticas agronómicas normais, mantendo uma sombra adequada. Para a análise da microbiologia do filoplano, foram colhidas amostras de chá constituídas pela terceira folha (Satyanarayan et al. 1978) de cada cultivar de chá selecionada, utilizando um saco de polietileno esterilizado. Os sacos de polietileno foram etiquetados em conformidade. As amostras foram colhidas em intervalos mensais (dezembro, março, julho e outubro, os meses representativos do inverno, primavera, verão e outono, respetivamente) durante um ano. As amostras de folhas foram conservadas num frigorífico a 4±1 °C até à conclusão do processo de isolamento.

4. Análise microbiológica

No presente estudo, foi utilizada uma abordagem baseada na cultura para estimar qualitativa e quantitativamente as populações microflorais no filoplano do chá. Foram utilizados vários métodos dependentes da cultura, tais como a técnica de diluição em série em placa (SDT), o método de impressão foliar (LIM) e o método de diluição em disco foliar (LDDM) para isolar e estimar a microflora do filoplano do chá.

Para a SDT (Johnson e Curl 1972), 10 g de folhas de cada clone de chá foram colocadas num frasco cónico de 250 ml contendo 100 ml de água destilada esterilizada (SDW) e agitadas durante 10-15 minutos. Foram preparadas diluições em série de 10 vezes e a diluição foi efectuada até 10^4 diluições. 1,0 ml da suspensão foi colocado em placas de Petri com meios específicos para o isolamento de micróbios como bactérias, fungos e actinomicetos. O ágar nutriente, o ágar cloranfenical Rosa de Bengala e o meio Kenknight & Munaier foram utilizados principalmente na presente investigação para isolar os principais grupos de microrganismos da superfície das folhas, como bactérias, fungos e actinomicetos. Além disso, foram também utilizados cinco outros meios, como o ágar Czepak-Dox (CDA), o ágar dextrose de batata (PDA), o ágar de sumo de V8 (V8), o ágar dextrose de Sabouraud (SDA) e o ágar de extrato de malte (MEA) para o isolamento de fungos. As alterações de alguns dos nutrientes nos meios de cultura utilizados podem ter alguns efeitos promocionais na recuperação de fungos do solo. As placas bacterianas foram incubadas a 28±1°C durante 2 dias e os fungos e actinomicetos foram incubados a 25±1°C durante 5 dias. Foram mantidas três réplicas em cada um dos casos. As placas foram medidas quanto às colónias viáveis e calculadas em conformidade. As colónias puras foram transferidas para placas de PDA e armazenadas a 4°C no laboratório de recolha de culturas (CCL) para posterior identificação. Todos os meios de cultura para o isolamento de microrganismos foram adquiridos a HiMedia Laboratories, Mumbai, Índia.

Em LIM (Dickinson et al. 1974), utiliza-se uma pinça estéril para segurar a folha de chá inteira e, consequentemente, para colocar separadamente as faces dorsal e ventral no meio de cultura. A folha foi pressionada uniformemente com uma espátula esterilizada. Foram mantidas três repetições em cada caso.

Foi também adoptada uma técnica modificada de lavagem de folhas (Dickinson 1971) para maximizar a recuperação da microflora do filoplano das cultivares de chá selecionadas. Para o efeito, foram cortados aleatoriamente discos de 1,0 cm de diâmetro de cinco folhas da mesma cultivar com uma broca de cortiça esterilizada. Colocaram-se dez discos num frasco cónico contendo 100 ml de SDW e agitou-se durante 10-15 minutos para obter uma suspensão homogénea dos propágulos microbianos. Pipetou-se 1,0 ml da suspensão para placas de Petri esterilizadas e verteu-se o meio específico para as mesmas, misturando bem. As placas foram incubadas durante os períodos e temperaturas normais acima referidos para o isolamento e a estimativa quantitativa dos microrganismos. O método de lavagem das folhas resultou num número mais elevado de taxa do que a utilização de microscopia ótica (Lee e Hyde 2002). A lavagem de folhas provavelmente sobrestima a riqueza de espécies, uma vez que muitas espécies casuais podem crescer na placa de ágar (Norse 1972). Foi sugerido que as espécies isoladas com uma frequência elevada por lavagem de folhas podem ser consideradas como verdadeiros habitantes do filoplano (Cabral 1985). As colónias bacterianas foram contadas, subcultivadas e subsequentemente purificadas pelo método da placa de estrias (Cappucino e Sherman 2004). As estruturas morfológicas das colónias bacterianas, como a forma, o tamanho, a textura, a natureza da superfície, a elevação, o tipo de margem, a consistência, a pigmentação, a taxa de crescimento, bem como as reacções de coloração e as caraterísticas fisiológicas e bioquímicas foram examinadas de acordo com Cappuccino e Sherman (2004). Foi utilizado um método de coloração de Gram modificado (Cruickshank 1965) para diferenciar os isolados bacterianos Grampositivos e Gram-negativos. Os isolados de fungos foram caracterizados com base nas caraterísticas culturais e morfológicas dos esporos e hifas montados em lactofenol e identificados através da consulta de monografias taxonómicas padrão (Gilman 1957; Domesch et al. 1980). A população microbiana total por cm quadrado da superfície da folha foi calculada através da seguinte fórmula.

$$\text{Total no. of microbes} = \frac{Total\ number\ of\ microbes\ in\ 1.0\ ml}{Total\ area\ of\ 10\ disc\ X\ 2} \times 100$$

(Área de 1 disco = πr^2 , em que r é o raio do disco em cm).

A abundância relativa foi calculada através da seguinte fórmula:

$$\text{Relative abundance (\%)} = \frac{Total\ number\ of\ colonies\ of\ the\ individual\ species}{Total\ number\ of\ colonies\ of\ all\ the\ species} \times 100$$

Os microrganismos também foram co-relacionados com os clones de chá. A análise dos dados foi efectuada utilizando o Microsoft

Excel 2007 e pacote SPSS 16.0.

5. Ensaio de inibição da germinação

Foi efectuada uma investigação preliminar para a inibição da germinação de esporos de *Exobasidium vexans* Massee, o agente causal do míldio do chá, utilizando a microflora filoplana previamente isolada da superfície das folhas de chá. Para tal, a microflora isolada da superfície da folha foi cultivada em frascos Erlenmeyer de 500 ml contendo 250 ml de PDB, seguidos de incubação em incubadora de agitação BOD com agitação periódica a 250 rpm em condições de cultura óptimas para o crescimento e melhor produção de metabolitos antimicrobianos. Os metabolitos bioactivos dos filtrados da cultura foram extraídos através de um método de extração por solventes utilizando acetato de etilo como solvente. Para o efeito, foi colocado um volume igual de acetato de etilo e de filtrado de cultura (aproximadamente 150 ml de cada) numa ampola de decantação de 500 ml. A mistura foi agitada vigorosamente durante 10 minutos. A <u>suspensão mista foi deixada em repouso durante 5 minutos para separar o extrato de acetato de etilo da</u> camada celular. O extrato de acetato de etilo foi recolhido e seco com a ajuda de um evaporador de vácuo rotativo para obter o metabolito bruto. A camada celular assim obtida foi rejeitada. O metabolito bruto foi utilizado para o ensaio antimicrobiano contra o agente patogénico do míldio da bolha. O metabolito bruto foi misturado com ágar-água e deixado solidificar em placas de Petri estéreis. As folhas de chá infectadas com lesões de bolhas esporuladas foram mantidas sobre o meio para permitir a descarga da massa de esporos no meio. A inibição da germinação dos esporos do míldio da bolha foi registada após um período de incubação de 20 horas. Foram mantidas três réplicas em cada um dos casos. No presente estudo, as amostras de bolhas Infectadas foram colhidas em zonas de poda de bolhas de Darjeeling e Upper Assam, respetivamente.

6. Resultados experimentais

A microflora do filoplano das cultivares de chá foi analisada quantitativa e qualitativamente utilizando uma abordagem baseada no cultivo. Durante a presente investigação, a folha 3rd (jovem) da planta foi colhida e avaliada para examinar os parâmetros microbianos, uma vez que a folha 3rd fica exposta ao máximo por um nível crescente de nutrientes disponíveis para os micróbios que habitam o nicho específico (Mishra e Dickinson 1981) devido ao arranque contínuo das duas folhas superiores juntamente com o rebento juvenil. A presente investigação mostrou a existência de diversos componentes microbianos no filoplano do chá, incluindo várias espécies de bactérias, microfungos e populações de actinomicetos. O quadro 2 representa a distribuição das populações microbianas por clones, utilizando diferentes abordagens baseadas em culturas. O SDT foi considerado um método superior no isolamento do máximo de colónias microbianas com caraterísticas celulares distintas.

Tabela 2. Variações na distribuição das populações microbianas do filoplano em clones de TV utilizando diferentes abordagens baseadas em culturas.

Tea Clones	Methods used								
	SDT			LIM			LDDM		
	BP (10^4 cfu/ml)	FP (10^4 cfu/ml)	AP (10^4 cfu/ml)	BP (cfu/sample)	FP (cfu/sample)	AP (cfu/sample)	BP (propagules /100cm^2)	FP (propagules /100cm^2)	AP (propagules /100cm^2)
TV 1	58±1.3	9.0±1.3	3.0±0.6	90±0.7	37±1.2	2.0±0.4	57±1.4	2.0±0.4	1.0±0.4
TV 25	28±0.9	4.0±1.1	2.0±1.1	57±1.4	15±1.4	3.0±1.4	10±0.6	5.0±0.7	ND
TV 18	10±1.4	7.0±0.3	2.0±0.7	53±0.9	12±0.9	1.0±0.6	16±0.9	10±0.9	1.0±0.6
Teenali 17	38±0.6	5.0±1.2	1.0±1.2	23±0.7	9.0±1.1	ND	7.0±1.1	1.0±0.2	1.0±0.2
T3E3	26±1.1	10.0±0.2	2.0±1.8	26±0.9	6.0±0.7	1.0±0.4	28±0.7	7.0±1.1	ND
S3A1	46±0.4	4.0±1.1	2.0±0.7	40±0.4	32±0.9	8.0±0.9	20±1.4	2.0±0.9	1.0±0.4
S3A3	53±1.2	7.0±0.7	1.0±1.1	35±1.2	9.0±1.1	1.0±0.9	10±0.9	4.0±1.1	ND
Clone 663	17±0.9	8.0±1.1	2.0±1.6	26±1.4	12±0.9	ND	40±0.6	10±0.6	ND

*TDS: Técnica de diluição em série; LIM: Método de impressão da folha; LDDM: Método de diluição em disco da folha; ND: Não detectado. BP: População de bactérias, FP: População de fungos, AP: População de actinomicetos.

As variações no isolamento microbiano e a sua subsequente manutenção são uma indicação das frequências de colonização do espaço aéreo circundante (Andrews e Kenerley 1980; Jager et al. 2001) e da especificidade (Ishimaru et al. 1991), respetivamente. A superfície da folha do TV 1 mostrou uma dominância máxima de microrganismos. A análise quantitativa mostrou que as bactérias eram dominantes em relação aos fungos em todas as amostras, independentemente dos métodos de isolamento e da altura em que o estudo foi efectuado e a amostra recolhida. Quantitativamente, a população bacteriana variou entre 7,0X10⁴ cfu/ml e 90X10⁴ cfu/ml, enquanto a população fúngica variou entre 1,0X 10⁴ cfu/ml e 37X10⁴ cfu/ml, independentemente dos métodos utilizados. Variações consideráveis na ocorrência microbiana podem ser atribuídas a grandes flutuações nas condições físicas e nutricionais caraterísticas das cultivares de chá selecionadas (Lindow e Brandl 2003). As bactérias Gram-negativas foram mais frequentes do que as Grampositivas no presente estudo, o que está de acordo com Bhattacharyya e Jha (2015). Este facto pode dever-se à capacidade das bactérias Gram-negativas para utilizar eficientemente os nutrientes (Bhattacharyya e Jha 2012) dos meios de cultura. Quantitativamente, as bactérias de cor amarela e branca dominaram mais entre a microflora bacteriana. A população de Actinomyctes foi considerada escassa. Registaram-se variações acentuadas na composição microfúngica. A população de fungos era composta por 71% de Phycomycetes, 19% de Zygomycetes, 6% de Ascomycetes e 4% de micélios estéreis (Fig. 4).

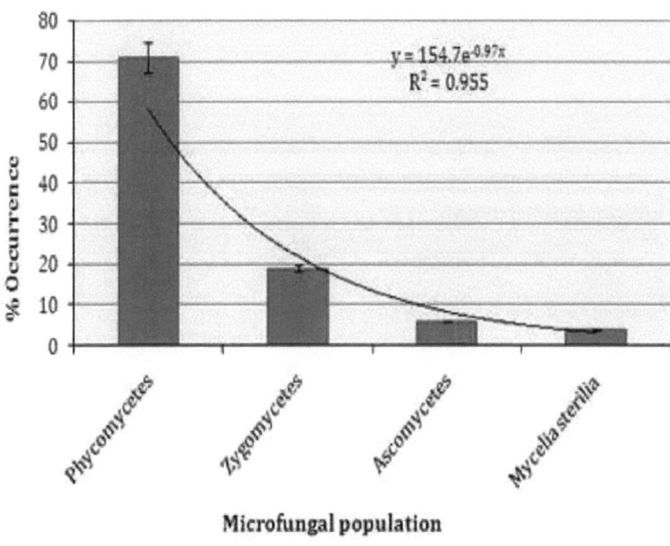

Fig. 4: Variações na composição de microfungos no filoplano.

A distribuição das espécies de fungos relativamente às variações clonais é apresentada no quadro 3. No total, foram isolados 10 géneros de fungos ao longo da investigação, dos quais *Aspergillus* e *Penicillium* foram registados como a microflora dominante, enquanto espécies de outros fungos, como *Chaetomium, Curvularia, Rhizopus* e *Trichoderma*, mostraram as suas distribuições restritas a clones de TV específicos.

Tabela 3. Frequência das populações de microfungos do filoplano em diferentes clones de TV.

Géneros de fungos	Clones da TV							
	TV 1	TV 25	TV 18	Teenali 17	T3E3	S3A1	S3A3	Clone 663
Alternaria spp.	++	+	-	+	+	++	+	-
Aspergillus spp.	+++	++	++	++	+	+	++	+
Botrytis sp.	+	+	+	-	-	-	-	+
Chaetomium spp.	++	+	-	+	+	+	+	+
Curvularia spp.	++	-	-	++	+	-	+	-
Fusarium sp.	++	+	-	-	+	+	-	+
Rhizopus spp.	+	+	+	-	-	+	+	+
Mucor sp.	++	-	+	+	+	+	+	+
Penicillium spp.	+++	+	+	++	+	++	++	++
Pestalozia sp.	++	+	++	++	+	+	+	-
Trichoderma spp.	++	+	+	+	+	-	-	+

- = Ausente

+ = Baixa densidade da população microbiana (1-3 colónias)

++ = Densidade moderada da população microbiana (4-5 colónias)

+++ = Elevada densidade da população microbiana (6-7 colónias)

A predominância de uma ou poucas espécies de fungos no presente estudo está em conformidade com Jha et al. (1992) e Bhattacharyya e Jha (2011), que também salientaram que, para uma determinada comunidade, apenas algumas espécies podem ser numericamente predominantes e afetar fortemente as condições ambientais para as outras. Além disso, a topografia pode influenciar a quantidade e a diversidade do número de populações de fungos no solo (Tsai et al. 2007). A frequência de isolamento utilizando diferentes meios é apresentada no quadro 4.

Tabela 4. Frequência das populações de microfungos do filoplano utilizando diferentes meios.

Géneros de fungos	Diferentes meios de comunicação
	PDACDAV8MEARBASDA
Alternaria sp.	++++++++++
Aspergillus flavus A. niger Botrytis sp.	++++++++++
	++++++++
Chaetomium sp.	

Curvularia sp.	+++--++-	
Fusarium sp. *Mucor* sp.	+--++-	
Penicillium sp.	+++++--	
	++++--++	
	+++++++++	
	+++--+-	
Pestalotia sp.	++--+-	
Rhizopus sp.	+---+-	
Trichoderma sp.	++++--+++	

- = Ausente

+ = Baixa densidade da população microbiana (1-3 colónias)

++ = Densidade moderada da população microbiana (4-5 colónias)

+++ = Elevada densidade da população microbiana (6-7 colónias)

***PDA** = Ágar Batata Dextrose, CDA = Ágar Czepak Dox, V8 = Ágar Sumo V8, MEA = Ágar Extrato de Malte, RBA = Ágar Rosa de Bengala, SDA = Ágar Sabouraud Dextrose.

O meio PDA foi o mais eficaz na recuperação máxima de espécies de fungos. As alterações de alguns dos nutrientes nos meios de cultura utilizados podem ter alguns efeitos promocionais na recuperação de fungos do solo. A população e a abundância relativa (%) de espécies de fungos (g^{-1} solo seco $\times 10^5$) em diferentes estações do ano são mostradas na Tabela 5.

Quadro 5: População e abundância relativa (%) de espécies de fungos (g^{-1} solo seco x 10^5) medidas na superfície das folhas em diferentes estações.

Fungos	Época				Total	Abundância relativa
	primavera	verão	outono	inverno		
Alternaria sp.	4.0	2.0	3.0	3.0	12	11.4
Aspergillus flavus	5.0	3.0	3.0	4.0	15	14.3
A. niger	4.0	2.0	3.0	3.0	12	11.4
Botrytis sp.	3.0	1.0	2.0	2.0	8.0	7.6
Chaetomium sp.	3.0	-	2.0	1.0	6.0	5.7
Fusarium sp.	4.0	2.0	3.0	3.0	12	11.4

Mucor sp.	6.0	2.0	3.0	2.0	13	12.4
Pestalotia sp.	4.0	2.0	2.0	3.0	11	10.5
Rhizopus sp.	3.0	-	-	2.0	5.0	4.8
Trichoderma sp.	4.0	2.0	2.0	3.0	11	10.5
Total	40	16	23	26	105	-

A população mais elevada e a abundância relativa durante todo o estudo foram exibidas por *Aspergillus flavus* (21,4%) seguido por *Penicillium chrysogenum* (16,1%). A predominância de *Aspergillus* e *Penicillium* pode dever-se à sua maior taxa de produção e dispersão de esporos, bem como à sua resistência às condições ambientais existentes (Schimel 1995). Observou-se que a microflora média total da superfície das folhas de chá variava muito consoante a estação de amostragem. As populações microbianas máximas foram observadas nas amostras de folhas recolhidas no mês de fevereiro e as mínimas foram registadas em junho. As variações microclimáticas prevalecentes na área de amostragem podem desempenhar um papel importante, afectando as densidades e a abundância da população microbiana.

O baixo número de populações microbianas na superfície das filoplanas recolhidas durante o verão (maio-julho) pode dever-se ao aumento da precipitação e à temperatura elevada, que podem ter uma influência direta na distribuição quantitativa da microflora das filoplanas. A dispersão das espécies de filoplano é em grande parte passiva e pode ser afetada pela lavagem da chuva ou por outros vectores (Andrews e Kinkel 1986). Por exemplo, *Cladosporium cladosporioides*, produz uma grande quantidade de conídios dispersos pelo vento no verão (Dickinson 1981). A chuva e a humidade da superfície da folha afectam o desenvolvimento dos fungos (Ruinen 1956, Reuveni e Rotem 1974, Wheeler 1981), uma vez que a germinação e o crescimento dos tubos germinativos são facilitados por uma humidade elevada (Dickinson 1981, 1986, Cabral 1985). A abundância de fungos e a riqueza de espécies são, portanto, mais elevadas no verão. No entanto, a temperatura elevada pode reduzir o crescimento dos fungos (Cabral 1985, Dickinson 1986). No entanto, algumas espécies de filoplano produzem esporos durante os meses mais frios. O resultado da presente investigação corrobora as conclusões de Tanti et al. (2012) e Chauhan et al. (2014). Tukey (1970) observou que a precipitação causou a lixiviação de nutrientes das superfícies das folhas, o que pode incluir microrganismos. As experiências sobre a inibição da germinação de *Exobasidium vexans* Massee por micróbios da superfície foliar estão representadas na Fig. 5.

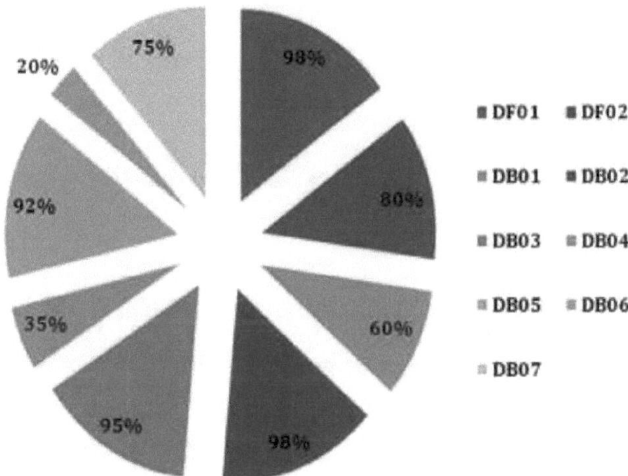

Fig. 5: Inibição da germinação de *Exobasidium vexans* Massee, o agente causal do míldio do chá (isolados de Darjeeling) por micróbios da superfície foliar.

É evidente que a atividade antagonista das bactérias e dos fungos variava consoante a espécie. Em geral, os fungos antagonistas dominaram a inibição da germinação de esporos de bolha recolhidos nas áreas de Darjeeling (intervalo de inibição de 80-98%). As estirpes bacterianas isoladas também exibiram antagonismo *in vitro* contra os esporos do míldio da bolha para germinação e crescimento do tubo germinativo. A atividade da microflora isolada foi menor quando testada contra esporos do míldio da bolha para germinação colhidos na região de Upper Assam (observou-se um máximo de 40% de inibição do desenvolvimento de esporos do míldio da bolha durante este curso de investigação), indicando assim variações no antagonismo entre os microrganismos testados colhidos na região da superfície da folha. As amostras de bolhas foram colhidas durante os dias quentes e ensolarados na parte superior de Assam, após chuvas sucessivas nas propriedades de chá podadas com bolhas. Foi documentado o potencial dos microrganismos antagonistas do filoplano no controlo biológico de doenças foliares (Andrew, 1985; Spurr e Knudsen, 1985). A inibição de *Xanthomonas campestris* pv. *citri* por *Pseudomonas fluorescens* foi relatada por Unnamalai e Gnanamanickam (1984), que notaram o papel vital de *Pseudomonas fluorescens,* produzindo sideróforo que ajuda a disponibilizar ferro ambiental ao hospedeiro e, assim, reduziu a intensidade da doença. O efeito inibitório de *Bacillus polymyxa* foi atribuído à sua capacidade de produzir um antibiótico polimixina que é tóxico para a maioria dos agentes patogénicos (Aspiras e Cruz 1986). A capacidade antagonista dos microrganismos do filoplano pode ser atribuída à produção de antibióticos. O micoparasitismo, o antagonismo direto, a competição por nutrientes, a antibiose ou uma combinação de antibiose múltipla podem ser outros mecanismos envolvidos na ação antagonista de diferentes microflora de filoplano observados durante a presente investigação (Kalita et al. 1996).

7. Perspectivas e desafios futuros

O filoplano representa, tanto do ponto de vista científico como económico, um habitat importante para o estudo da ecologia microbiana. As folhas estão geralmente limpas e os micróbios podem ser observados diretamente nas folhas com a ajuda de poderosos instrumentos microscópicos, permitindo assim a qualquer pessoa relacionada com a microbiologia assegurar a identidade, a atividade e a expressão genética dos micróbios. Devido à importância de muitos habitantes microbianos do filoplano para a saúde das plantas, tem havido um imenso potencial para as suas aplicações práticas na agricultura, que resultam de uma melhor compreensão das interações dos micróbios benéficos em associação com a planta hospedeira e também entre si. Além disso, o conhecimento da microbiologia da superfície das plantas e da utilidade prática dos micróbios do filoplano para gerir a contaminação pré e pós-colheita das culturas com módulos eficazes é essencial para adotar esta tecnologia de base microbiana na agricultura. O isolamento, a caraterização e a identificação de microrganismos, a seleção de estirpes microbianas benéficas para os caracteres desejáveis através de um rastreio rigoroso seguido de uma avaliação no terreno são essenciais a este respeito. A seleção de um microrganismo eficiente requer um conhecimento profundo da dinâmica e da composição das comunidades microbianas que colonizam o filoplano e a sua caraterização com especial referência à promoção do crescimento das plantas e à supressão de doenças. De acordo com Compant et al. (2005), as estirpes microbianas eficazes podem ser selecionadas com base na técnica de rastreio em massa. O inoculante desenvolvido deve ser seguro, económico e fácil de utilizar em diferentes condições agro-climáticas. O polimorfismo do comprimento do fragmento de restrição terminal (T-RFLP) (Osborn et al. 2000), que utiliza a sequência sonda-alvo e o padrão de digestão da endonuclease de restrição, é útil para a identificação de estirpes potentes.

O chá [*Camellia sinensis* (L.) O. Kuntze] é uma planta perene, não alcoólica e produtora de bebidas, economicamente importante (Mondal et al. 2004), amplamente cultivada em todo o mundo. A ecologia microbiana da superfície da folha de chá é bastante complexa (Scheuerell e Mahaffee 2002) devido às propriedades físico-químicas da superfície da folha e à atividade da microflora do filoplano. Os micróbios podem ser utilizados para participar em muitos processos importantes do ecossistema do chá, como o controlo biológico de agentes patogénicos do chá, o ciclo de nutrientes e o crescimento de plântulas (Persello-Cartieaux et al. 2003). No entanto, os micróbios do filoplano das plantas de chá e as suas interações com os agentes patogénicos são largamente afectados devido à aplicação de agroquímicos e pesticidas (Debnath 2008), uma vez que estes últimos são conhecidos por criarem problemas relacionados com o desenvolvimento de resistência do hospedeiro aos pesticidas, o ressurgimento de pragas e o surto de pragas secundárias, efeitos nocivos na saúde humana e no ambiente e a produção de resíduos indesejáveis no chá produzido. De acordo com Raja (2013), existe uma tendência crescente para a agricultura biológica, utilizando produtos orgânicos de base biológica como alternativa aos agro-químicos. Existe uma ampla margem para explorar estes microrganismos do filoplano como biofertilizantes e biopesticidas eficazes nas plantações de chá.

Em geral, os estádios conidiais de agentes patogénicos do chá, como *Cortitium*, *Peslalotiopsis*, *Fusarium, etc.*, estão activos durante o inverno, enquanto o estádio peritecial ou perfeito se forma no final da estação de crescimento. O hexaconazol, o propiconazol e o cloridrato de cobre (COC), etc., são os fungicidas normalmente utilizados na proteção das plantas (Premkumar et al. 2012). Como o chá é um produto de exportação, devem ser envidados esforços para reduzir o efeito residual dos pesticidas (Amirahmadi et al. 2013), uma vez que a utilização de pesticidas está a deteriorar gradualmente o equilíbrio ecológico natural, aumentando assim a poluição ambiental e aumentando os riscos de resíduos no chá. Por conseguinte, deve ser criada uma estratégia para controlar as principais doenças do chá utilizando os micróbios menos explorados da superfície da folha de chá, o que seria uma estratégia eficaz no programa de gestão integrada de doenças (IDM). O isolamento e a exploração da microflora benéfica que inibe a superfície foliar do chá também são importantes para avaliar os micróbios para uma possível promoção do crescimento das plantas que, subsequentemente, facilitaria o rendimento do chá. As estirpes microbianas eficientes isoladas da superfície da folha podem ser selecionadas e exploradas contra os agentes patogénicos alvo do chá com base na sua capacidade antagonista.

Os agentes microbianos de biocontrolo são conhecidos por produzirem enzimas líticas da parede celular que, por sua vez, causam a mortalidade dos agentes patogénicos. A potencialidade de *Pseudomonas* e *Bacillus* sp. contra o patógeno do míldio cinzento do chá é relatada (Pallavi et al. 2012) *in vitro*. Os micróbios da superfície da folha podem inibir os agentes patogénicos através da produção de substâncias antibióticas ou da utilização dos recursos energéticos ou da produção de substâncias semelhantes a fitoalexinas (Chakraborty et al. 2002). Ao produzirem substâncias que promovem o crescimento das plantas (Phukon et al. 2012), podem também estimular o crescimento e a produção do hospedeiro. Os micróbios benéficos para a melhoria das culturas e a supressão de doenças estão, assim, a ganhar importância, uma vez que oferecem uma forma atractiva de substituir a utilização de fertilizantes químicos, pesticidas e outros suplementos (Bhattacharyya e Jha 2012). Mecanismos como competição por nutrientes, exclusão de nicho, resistência sistémica induzida, produção de metabolitos antifúngicos (AFMs), etc., (Bloemberg e Lugtenberg 2001) são reconhecidos como influentes para a atividade de biocontrolo de micróbios benéficos. Phukon et al. (2012) exploraram e utilizaram micróbios benéficos promotores do crescimento de plantas (PGPMs) em plantações de chá no Nordeste da Índia. Assim, os inoculantes microbianos têm gerado uma importância primordial em calendários de gestão integrada de nutrientes e pragas, ajudando assim na geração de práticas agrícolas saudáveis (Adesemoye e Kloepper 2009). Atualmente, sabe-se que diferentes espécies de inoculantes microbianos antagonizam os agentes patogénicos do chá através do micoparasitismo, produzindo antibióticos voláteis e não voláteis, competindo por nutrientes e espaço, bem como pelas suas diversas actividades benéficas, contribuindo finalmente para o aumento da produção agrícola. A utilização de micróbios, como vírus (NPV/GV), bactérias formadoras de esporos (*estirpes de Bacillus*) e fungos (*Beauveria*, *Metarhizium*, *Verticillium*, *Paecilomyces*), tem grandes possibilidades neste domínio. Recentemente, a exploração da terapia de transferência do microbioma central feita à medida (Gopal et al. 2013) na agricultura pode ser uma abordagem potencial na gestão de diversas doenças das plantas de importância económica.

O isolamento e o rastreio de estirpes microbianas benéficas, seguidos de ensaios em vasos e no terreno para determinar a eficácia, a produção em massa e o desenvolvimento de fórmulas, a fermentação, a viabilidade das fórmulas, a toxicologia, as ligações industriais e o controlo de qualidade, etc., podem ser os passos possíveis para a adoção prática destes inoculantes microbianos com vista à sua comercialização. A procura económica e viável do mercado, a ação consistente e de largo espetro, a segurança e a estabilidade, o prazo de validade mais longo, os baixos custos de capital e a fácil disponibilidade de materiais de carreira, etc., são os pontos-chave a ter em conta ao recomendar um micróbio específico para exploração no terreno. O controlo da qualidade é crucial para manter a confiança dos agricultores na avaliação da eficácia dos produtos microbianos. De acordo com a lei dos pesticidas da Índia (1968), para o registo de qualquer tipo de microrganismo são necessários vários dados, como a designação sistémica e o nome comum do agente microbiano (pode ser um agente de biocontrolo ou um promotor do crescimento das plantas), juntamente com a sua ocorrência natural, morfologia geral, pormenores do processo de fabrico, toxicidade para os mamíferos, toxicidade ambiental, análise residual, etc.

8. CONCLUSÃO

A presente investigação indica a importância da superfície da folha de chá como um dos nichos ideais para as interações de diversas populações microbianas. A presente investigação tratou de uma abordagem baseada na cultura para isolar e caraterizar a microflora do filoplano do chá, uma vez que esta abordagem é considerada adequada para a cultura em laboratório de isolados microbianos de ambientes naturais como a superfície da folha e para a sua caraterização através da análise da morfologia e das caraterísticas fisiológicas. É necessária mais investigação sobre as interações microbianas, a ecologia e as funções no filoplano do chá para compreender os mecanismos de ação microbiana na gestão dos nutrientes e no controlo das doenças. É necessário desenvolver dados fiáveis, bem como protocolos confirmados, para o isolamento e a preparação de produtos microbianos normalizados que, em última análise, possam servir a indústria do chá. É também imperativo conhecer a situação do mercado, o processo de registo e a investigação e desenvolvimento microbianos relacionados, a fim de determinar a adequação dos biofertilizantes e biopesticidas microbianos como alternativa aos fertilizantes/pesticidas químicos ou fungicidas para melhorar a qualidade do chá. No entanto, a maior parte das explorações de chá evita correr o risco de perda de colheitas devido a ataques de pragas e utiliza livremente pesticidas sintéticos ao abrigo da "categoria de gestão de pragas sem limites" (Pedigo, 2002), uma vez que os insecticidas microbianos são específicos para cada praga, pelo que o mercado potencial para estes produtos é bastante limitado. Uma das principais preocupações nas próximas décadas será o desenvolvimento de métodos seguros e respeitadores do ambiente através da exploração de microrganismos benéficos para a produção sustentável de culturas.

9. BIBLIOGRAFIA

Adesemoye AO, Kloepper JW (2009) Plant-microbes interactions in enhanced fertilizer-use efficiency. Appl. Microbiol. Biotechnol. 85(1): 1-12.

Amirahmadi M, Shoeibi S, Abdollahi M, Rastegar H, Khosrokhavar R, Hamedani MP. (2013) Monitorização de resíduos de alguns pesticidas no chá consumido no mercado de Teerão. Jornal Iraniano do Ambiente. Health Sci. Eng. 10 (1): 9.

Andrews JH, Kenerley CM. (1980) Microbial populations associated with buds and young leaves of apple. Can. J. Bot. 58(8): 847-855.

Andrews J. (1985) Strategies for selecting antagonistic microorganisms from the phylloplane. In: Windles CE, Lindlow SE. (Eds.) Biological control on the phylloplane (Eds.) American Phytopathological Society, St Paul, Minnestoa, USA. pp. 31-44. 31-44.

Andrews JH, Kinkel LL. (1986) Colonization dynamics: the island theory. In: Fokkema NJ, Heuvel JVD, (Eds.) Microbiology of the phyllosphere. Cambridge University Press. pp. 63-76.

Andrews JH, Harris RF. (2000) The ecology and biogeography of microorganisms on plant surfaces. Annu. Rev. Phytopathol. 38: 145-180.

Aspiras RB, Cruz AR. (1986) Biocontrolo da murchidão bacteriana do tomateiro e da batateira através da colonização preventiva com *Bacillus polymyxa* FU6 e *Pseudomonas flourescens*. Philipp. J. Crop Sci. 11(1): 1-4.

Bebé UI. (2002) An overview of blister blight disease of tea and its control. J Plantation Crops 30: 1-12.

Barua (2008) Romancing the *Camellia assamica* (Assam and the story of tea) Assam rev tea news. pp. 18-27.

Baruah G. (1987) Microbial response to nitrogenous fertilizers and pesticides with reference to nitrogen transformation in tea soils. Tese de doutoramento, Universidade de Gauhati, Assam, Índia.

Batool F, Rehman Y, Hasnain, S. (2016) As bactérias vegetais associadas ao filoplano de variedades de trigo comercialmente superiores apresentam capacidades superiores de promoção do crescimento das plantas. Front. Life Sci. 9(4): 313-322.

Beattie GA, Lindow SE. (1995) A vida secreta dos agentes patogénicos bacterianos foliares nas folhas. Annu. Rev. Phytopathol. 33: 145-172.

Bezbaruah B, Baruah G. (1985) Transformação de ureia, sulfato de amónio e nitrato de potássio em solos ácidos. Ind. J. Agric. Sci. 55: 742-747.

Bhattacharyya PN, Jha DK. (2011) Variação sazonal e em profundidade do número de populações de microfungos no solo da floresta de Nameri, Assam, Nordeste da Índia. Mycosphere 2(4): 297-305.

Bhattacharyya PN, Jha DK. (2012) Rizobactérias promotoras do crescimento das plantas (PGPR): emergência na agricultura. World J. Microbiol. Biotechnol. 28(4): 1327-1350.

Bhattacharyya PN, Jha DK. (2015) Variações no número de populações bacterianas e actividades enzimáticas em diferentes sistemas de utilização dos solos do vale de Brahmaputra, Assam. IJAR 1(12): 762766.

Blakeman JP, Fokkema NJ. (1982) Potential for biological control of plant diseases on the phylloplane. Annu. Rev. Phytopathol. 20: 167-190.

Bloemberg GV, Lugtenberg BJ. (2001) Molecular basis of plant growth promotion and biocontrol by rhizobacteria. Curr. Opin. Plant Biol. 4(4): 343-350.

Bringel F, Couee I. (2015) O papel central dos microrganismos da filosfera na interface entre o funcionamento das plantas e a dinâmica dos gases vestigiais atmosféricos. Front. Microbiol. 6:486.

Cabral D. (1985) Filosfera de *Eucalyptus viminalis*: dinâmica das populações de fungos. Trans. Br. Mycol. Soc. 85(3): 501-511.

Cappucino JG, Sherman N. (2004) Microbiology-a laboratory manual. 7th edn., Pearson Education, Dorling Kindersley (India) Pvt. Ltd.

Chakraborty BN, Dutta S, Chakraborty U. (2002) Biochemical response of tea plants induced by foliar infection with *Exobasidium vexans* Massee. Ind. Phytopathol. 55(1): 8-13.

Chaudhuri, TC. (1999) Pesticide residues in tea. In: Jain, NK. (ed) Global advances in tea

ciência. Aravali Books, Nova Deli, p 882.

Chauhan D, Swami A, Navneet. (2014) Estudos sobre a microflora de filoplano de Dhak (*Butea monosperma* (Lamk.) Taub) J. emerg. technologies innov. res. 1(7): 638-643.

Compant S, Duffy B, Nowak J, Clement C, Barka EA. (2005) Utilização de bactérias promotoras do crescimento das plantas para o biocontrolo de doenças das plantas: princípios, mecanismos de ação e perspectivas futuras. Appl. Environ. Microbiol. 71(9): 4951-4959.

Cruickshank R (1965) Medical Microbiology, 11th ed., p. 646. Livingstone, Edimburgo.

Das GM. (1959) Problem of pest control in tea. Sci. Cult. 24: 493-498.

Debnath S. (2008) Estudos sobre a microflora da superfície foliar do chá, *Camellia sinensis*, em relação à epidemiologia e ao biocontrolo da doença da bolha em Upper Assam. Tese de doutoramento, Universidade de Gauhati, Guwahati, Assam, Índia.

Dickinson CH. (1986) Adaptações dos microrganismos às condições climáticas que afectam as superfícies aéreas das plantas. In: Fokkema NJ, Heuvel JVD. (eds.) Microbiology of the phyllosphere. Cambridge: Cambridge University Press. pp. 77-100.

Dickinson CH. (1971) Ecology of leaf surface microorganisms In: Preece TF, Dickinson CH. (eds.) Academic Press, Londres. pp. 129-137.

Dickinson CH. (1973) Interações de fungicidas e saprófitas foliares. Pest Sci. 4: 563-574.

Dickinson CH, Watson J, Wallace B. (1974) An impression method for examining epiphytic microorganisms and its application to phylloplane studies. T. Brit. Mycol. Soc. 63: 616619.

Dickinson CH. (1981) Biologia de *Alternaria alternata*, *Cladosporium cladosporioides* e *C. herbarum* no que diz respeito à sua atividade em plantas verdes. In: Blakeman JP, (ed.) Microbial ecology of the phylloplane. Londres: Academic Press. pp. 169-184.

Domesch KH, Gams W, Anderson TH. (1980) Compendium of soil fungi. Academic Press, Londres, 1980.

Fernando WGD, Nakkeeran S, Zhang Y. (2005) Biossíntese de antibióticos por PGPR e sua relação no biocontrolo de doenças de plantas. In: Slddlqul, ZA. (ed.) PGPR: Biocontrol and Biofertilization, Dordrecht, Springer, pp. 67-109.

Fokkema NJ. (1981) Fungal leaf sporophytes, beneficial or detrimental? In: Blakeman, JP. (ed). Microbial Ecology of the Phylloplane. Academic Press, Londres, pp. 433-454.

Fokkema NJ, Lorbeer JW. (1974) Interação entre *Alternaria porri* e a microflora saprófita das folhas de cebola. Phytopathol 64: 1128-1133.

Gopal M, Gupta A, Thomas GV. (2013) Terapia de microbioma sob medida para gerenciar doenças de plantas. Front. Microbiol. 4: 1-4.

Gilman JC. (1957) A manual of soil fungi. 2nd Ed. Ames, U.S.A.: Iowa State College Press.

Gurusubramanian G, Borthakur M, Sarmah M, Rahman A. (2005) Pesticide selection, precautions, regulatory measures and usage. In: Dutta AK, Gurusubramanian G, Barthakur BK. (eds.) Plant protection in tea. Assam Printing Works Private Ltd., TTRI, TRA, Jorhat, Assam, Índia, pp. 81-91.

Gurusubramanian G, Rahman A, Sarmah M, Ray S, Bora S. (2008) Pesticide usage pattern in tea ecosystem, their retrospects and alternative measures. J. Environ. Biol. 29(6): 813-826.

Hazarika LK, Bhuyan M, Hazarika BN. (2009) Insectos pragas do chá e sua gestão. Annu. Rev. Entomol. 54: 267-284.

Hirano SS, Upper CD. (2000) Bacteria in the leaf ecosystem with emphasis on *Pseudomonas syringae-a* pathogen, ice nucleus, and epiphyte. Microbiol. Mol. Biol. Rev. 64: 624-653.

Ishimaru C, Eskridge KM, Vidaver AK. (1991) Análise da distribuição de populações epífitas naturais de *Xanthomonas campestris* pv. *phaseoli* em feijão seco. Phytopathology 81: 262-268.

Ismail HY, Bello HS, Allamin IA, Danjuma E. (2016) Isolamento de potenciais agentes patogénicos bacterianos do filoplano de algumas plantas medicinais selecionadas. Int. J. Sci World 4(2): 37-39.

Jager ES de, Wehner FC, Korsten L. (2001) Microbial ecology of the mango phylloplane. Microb. Ecol. 42: 201-207.

Jha DK, Sharma GD, Mishra RR. (1992) Ecology of soil microflora and mycorrhizal symbionts in degraded forests at two attitudes. Biol. Fertil. Soils. 12: 272-278.

Johnson LF, Curl EA. (1972) Methods for research on the ecology of soil-borne plant pathogens.

Burgess Publishing Co., Minneapolis, MN, 247.

Kalia A, Gosal SK. (2011) Effect of pesticide application on soil microorganisms (Efeito da aplicação de pesticidas nos microrganismos do solo). Arch. Agron. Soil Sci. 57: 569-596.

Kalita P, Bora LC, Bhagabati KN. (1996) Phylloplane microflora of citrus and their role in management of citrus canker. Indian Phytopathol 49(3): 234-237.

Kawai A. (1997) Prospect for integrated pest management in tea cultivation in Japan. JARQ. 31: 213-217.

Kodomari S. (1993) Microbial control of tea insect pest in Japan. In: Proc. Int. Sym. Tea Tech. Tea Science and Human Health, Calcutá, pp. 153-157.

Lee Olive HK, Hyde KD. (2002) Phylloplane fungi in Hong Kong mangroves: evaluation of study methods. Mycologia 94(4): 596-606.

Lindow SE, Brandl MT. (2003) Microbiologia da filosfera. Appl. Environ. Microbiol. 69(4): 1875-1883.

Mareeswaran J, Nepolean P. et al. (2015) Estudos *in vitro* sobre o agente patogénico do cancro do ramo (*Macrophoma* sp.) que infecta o chá. J. Plant Pathol. Microb. 6: 284.

Mishra RR, Dickinson CH. (1981) Phylloplane and litter fungi of *Ilex aquifolium.* Trans. Brit. Mycol. Soc. 77: 329-337.

Mobed K, Gold EB, Schenker MB. (1992) Occupational health problems among migrant and seasonal farm workers. West J. Med. 157: 367-373.

Mondal TK, Bhattacharya A, Laxmikumaran M, Ahuja PS. (2004) Recent advances of tea (*Camellia sinensis*) biotechnology. Plant Cell Tiss. Org. 76: 195-254.

Moses M. (1989) Pesticide-related health problems and farm workers. Am. Assoc. Occup. Health Nurses, J. 37: 115-128.

Muraleedharan N, Chen ZM. (1997) Pragas e doenças do chá e sua gestão. J. Plant. Crops 25: 15-43.

Muraleedharan N, Selvasundaran R, Radhakrishnan B. (1988) Natural enemies of certain tea pests occurring in southern India. Insect Sci. Appl. 5: 647-654.

Norse D. (1972) Fungal populations of tobacco leaves and their effect on the growth of *Alternaria longipes.* Trans Br Mycol Soc 59: 261-271.

Ogwu MC, Osawaru ME. (2014) Estudo comparativo da população de microflora no filoplano do quiabo comum [*Abelmoschus esculentus* l. (Moench.)]. Nig J. Biotech. 28: 17-25.

Osborn AM, Moore ER, Timmis KN. (2000) An evaluation of terminal-restriction fragment length polymorphism (T-RFLP) analysis for the study of microbial community structure and dynamics. Environ. Microbiol. 2(1): 39-50.

Pallavi RV, Nepolean P. et al. (2012) Estudos *in vitro* de agentes de biocontrolo e tolerância de fungicidas contra a doença do míldio cinzento do chá. Asian Pac. J. Trop. Biomed. S435-S438.

Pedigo LP. (2002) Entomology and pest management, 4th edn. Pearson (Education), Singapura, pp. 742.

Persello-Cartieaux F, Nussaume L, Robaglia C. (2003) Tales from the underground; molecular plant rhizobacteria interactions. Plant Cell Environ. 26: 189-199.

Phukan, I. Madhab, M. Bordoloi, M. et al. (2012) Exploração de micróbios PGP do chá para melhoria do crescimento das plantas e supressão de pragas: uma nova abordagem. *Dois botões* 59, 69-

74.

Pimental D, Acquay H, Biltonen M, Rice P, Silva M. (1992) Environmental and economic cost of pesticide use. Biogeosciences 42: 750-759.

Premkumar R, Nepolean P. et al. (2012) Integrated disease management of grey blight in tea. Two Bud 59: 27-30.

Raja N. (2013) Biopesticides and biofertilizers: ecofriendly sources for sustainable agriculture. J. Biofertil. Biopestici. 4: e112: 1-2.

Ray MK, Mishra PK, Baruah PK, Choudhury D. (2014) Isolamento e estudo comparativo da micoflora filoplana das plantas hospedeiras de muga Som e Sualu do distrito de Goalpara em Assam. Int. J. Pure App. Biosci. 2(6): 78-83.

Reuveni R, Rotem J. (1974) Effect of humidity on epidemiological patterns of the powdery mildew (*Sphaerotheca fuliginea*) on squash. Phytoparasitica 2:25-33.

Riggs PJ, Chelius MK, Iniguez AL, Kaeppler SM, Triplett EW. (2001) Aumento da produtividade do milho através da inoculação com bactérias diazotróficas. Aust. J. Plant Physiol. 28(9): 829-836.

Roy S, Mukhopadhyay A, Gurusubramanian G. (2010) Baseline susceptibility of *Olignychus coffeae* to Acaricides in North Bengal tea plantations, India. Int. J. Acarol. 36(5): 357-362.

Ruinen J. (1956) Ocorrência de espécies de *Beijerinckia* na filosfera. Nature 177: 220-221.

Saha D, Mukhopadhyay A. (2013) Mecanismos de resistência aos insecticidas em três insectos sugadores de chá, com referência ao Nordeste da Índia; uma avaliação. Int. J. Trop. Insect Sci. 33(1): 46-70.

Sarmah SR, Dutta P. et al. (2005) Microbial bioagents for controlling diseases of tea. Proc. Int. Symp. Innovation in Tea Sci. Sus. Dev. na indústria do chá. China Tea Sci Soc Unilever Hangzhou, China, pp. 767-776.

Satyanarayan G, Baruah GCS, Baruah KC. (1978) Screening fungicides for control of blister blight of tea in North East India. In: methods for evaluating plant fungicides, nematicides and bactericides. Am. Phytopath. Soc. 72-73.

Scheuerell S, Mahaffee W. (2002) Compost tea: principles and prospects for plant disease control. Compost Sci. Utilization 10: 313-338.

Schimel J. (1995) Ecosystem consequences of microbial diversity and community structure. In: Chapin

FS, Korner C. (eds.) arctic and alpine biodiversity-patterns, causes and ecosystem consequences, Ecological Studies, Springer, Heidelberg113: 239-254.

Siddiqui ZA. (2006) PGPR: Potenciais agentes de biocontrolo de agentes patogénicos das plantas. PGPR: Biocontrolo e Biofertilização 111-142.

Spurr HW, Knudsen GR. (1985) Biological control of leaf diseases with bacteria. In: Windles CE, Lindlow SE. (eds.) Biological Control on the Phylloplane. American Phytopathological Society, Minnesota, EUA. pp. 45-55.

Tanti A, Madhab M, Bordoloi, M, Phukan I, Sarmah SR, Debnath S, Barthakur BK. (2012)

Ocorrência sazonal da microflora do filoplano do chá. Two Bud 59: 103-106.

Tanti AJ, Bhattacharyya PN, Dutta P. et al. (2016) Diversidade da microflora do filoplano em certas cultivares de chá de Assam, Nordeste da Índia. Jornal Europeu de Investigação Biológica. 6(4): 287292.

Thakur S, Harsh NSK. (2014) Fungos de filoplano como agente de biocontrolo contra a doença da mancha foliar de *Alternaria* (Akarkara) *Spilanthes oleracea*. Bioscience Discovery 5(2): 139-144.

Tsai SH, Selvam A, Yang SS. (2007) Microbial diversity of topographical gradient profiles in Fushan Forest soils of Taiwan. Ecological Research 22: 814-824.

Tukey HB. (1970) The leaching of substances from plants. Annu. Rev. Plant Physiol. 21: 305-24.

Unnimalai N, Gnanamanickam SS. (1984) *Pseudomonas fluorescens* é um antagonista do corante de *Xanthomonas citri* (Hasse), o agente causador do cancro dos citrinos. Curr. Sci. 53: 703-704.

Vimala RM, Suriachandraselvan (2006) Phylloplane microflora of bhendi. Int. J. Agric. Sci. 2(2): 517-518.

Van Wees SCM, Van der Ent S, Pieterse CMJ. (2008) Respostas imunitárias das plantas desencadeadas por micróbios benéficos. Curr. Opin. Plant Biol. 114: 443-448.

Wicklow DT, Hesseltine CW, Shotwell OL, Adam GL. (1980) Interference competition and aflatoxin levels in corn. Phytopathol 70: 761-764.

Wilson M, Hirano SS, Lindow SE. (1999) Location and survival of leaf-associated bacteria in relation to pathogenicity and potential of growth within the leaf. Appl. Environ. Microbiol. 65: 1435-1443.

Wheeler BEJ. (1981) Biology of powdery mildews on leaf surfaces. In: Blakeman JP, (ed.) Microbial ecology of the phylloplane. London Academic Press. pp. 69-84.

Yang CH, Crowley DE, Borneman J, Keen NT. (2001) As populações microbianas da filosfera são mais complexas do que se pensava anteriormente. Proc. Natl. Acad. Sci. USA 98: 3889-3894.